Nikolai Fuchs

*Was ist
biologisch-dynamische
Landwirtschaft?*

Nikolai Fuchs

Was ist biologisch-dynamische Landwirtschaft?

VERLAG AM GOETHEANUM

Der Verlag am Goetheanum im Internet: www.vamg.ch

Einbandgestaltung von Philipp Tok unter Verwendung
eines Fotos von Nikolai Fuchs

2. Auflage 2013
© Copyright 2013 by Verlag am Goetheanum,
CH – 4143 Dornach
Alle Rechte vorbehalten

Satz: Höpcke, Hamburg
Druck und Bindung: Freiburger Graphische Betriebe

ISBN 978-3-7235-1499-3

Inhalt

Einleitung

«Biolandbau?» – «Kenne ich. Aber biologisch-dynamisch? Was ist das genau?» – «Das ist die Landwirtschaftsmethode, die Rudolf Steiner erfunden hat.» – «Wann?» – «1924.» – «Und wo?» – «Im Schloss Koberwitz bei Breslau – früher Schlesien, zu Deutschland gehörig, heute Polen.» – «Und wer praktiziert das heute?» – «Alle Demeter-Bauern!» – «Ah!»

So könnte sich das Interesse zur biologisch-dynamischen Landwirtschaft in einigen ersten Fragen äußern. Mit diesem kleinen Buch will ich die Idee, die der biologisch-dynamischen Wirtschaftsweise zugrunde liegt, kurz und möglichst verständlich darstellen. Wer sich für spezielle Fachfragen wie für wendende und nicht-wendende Bodenbearbeitung interessiert oder wissen will, ob man Schnecken besser bei Voll- oder bei Neumond zerschneidet, der sei auf die einschlägige Fachliteratur verwiesen, ein Index findet sich am Ende des Buches.

Nikolai Fuchs

Was ist biologisch-dynamische Landwirtschaft?

Ein Impuls gegen Degeneration. – Damit ist eigentlich alles gesagt! Wer die Idee jetzt schon verstanden hat, der mache sich auf die Suche nach einer Tasse Demeter-Kaffee nebst entsprechendem Gebäck – denn der Weg, die biologisch-dynamische Landwirtschaft über die Sinne kennenzulernen, ist ebenfalls sehr zu empfehlen!

Biologisch-dynamische Landwirtschaft ist ein Impuls gegen Degeneration. Wie ist das zu verstehen?

Geschichte

1923, als Rudolf Steiner von Landwirten immer dringlicher angegangen wurde, einen Kurs für Landwirte zu halten, lag der Erste Weltkrieg gerade fünf Jahre zurück.

Zwei Momente sind dabei in Bezug auf die Landwirtschaft besonders ins Auge zu fassen: Wie in Kriegszeiten üblich, hatte man mehr Wert und Augenmerk auf die Produktion als auf die Züchtung gelegt. Das Saatgut war also nicht in einem guten Zustand. Daneben war für die Waffenherstellung – «der Krieg, Vater aller Dinge!» – das sogenannte Haber-Bosch-Verfahren zur künstlichen Stickstofferzeugung ausgebaut worden. – Während vor dem Krieg noch große Segelschiffe um das südamerikanische Kap Hoorn gesegelt waren und Guano, den über Jahrhunderte von Seevögeln an der Pazifikküste von Chile abgelagerten Vogelkot, nach Europa gebracht hatten, suchte die Industrie nun, da der künstliche Stickstoff nach dem Krieg nicht mehr für die Waffenproduktion gebraucht wurde, für denselben neue Märkte. Sie fand diese Märkte in der Landwirtschaft. Justus von Liebig hatte mit seiner Nährstofftheorie den Boden dafür bereitet, mit künstlich hergestellten (Stickstoff) oder aus Lagerstätten abgebauten (Phosphor und Kali) Elementen (Nährstoffen) die Pflanzen zu düngen. Nun traf also künstlicher Stickstoff auf nicht gut gezüchtetes Saatgut. Das Zuviel der Nährstoffe tat den Pflanzen nicht gut, da passte etwas nicht zusammen, die Pflanzen machten keinen gesunden Eindruck. – Das war die äußere Situation, die die Landwirte besorgt sein ließ. Zusätzlich trat jedoch auch eine allgemeine Abbauerscheinung der Natur für die Landwirte spürbar zutage,* die seitdem mit künstlichen Hilfsmitteln überdeckt wird. Die Landwirte waren über die abnehmende Qualität der Produkte beunruhigt, und auch Rudolf Steiner selbst sagt im Landwirtschaftlichen Kurs, dass die Kartoffeln zu der Zeit, als er noch jung war, ganz anders geschmeckt hätten. – Also war eine allgemeine Abbau-Situation, eine Degeneration spürbar, und diese war es, welche die Landwirte derart beunruhigte, dass sie Rudolf Steiner, von dem sie wussten, dass er bereits Impulse zur Erneuerung der Medizin (heute: Anthroposophische Medizin) und der Pädagogik (Waldorfpädagogik) gegeben hatte,

---

*　«Welkeprozesse der Natur» nennen Jochen Bockemühl und Kari Järvinnen das in diesem Zusammenhang. (Bockemühl und Järvinnen 2005)

auch für einen Erneuerungsimpuls der Landwirtschaft gewinnen wollten. Rudolf Steiner, dessen Gesundheit sichtlich schon angegriffen war – er starb im März 1925, also ein dreiviertel Jahr später –, nahm die Anfrage nach einigem Zögern an. Der Landwirtschaftliche Kursus fand in Gestalt von acht Vorträgen zu Pfingsten 1924 (7. bis 16. Juni) in Koberwitz statt. Koberwitz war Sitz der Güterverwaltung der Zuckerfabrik «Vom Rath Schoeller und Skene». Dort war Graf Keyserlingk seit 1920 Verwalter. Rudolf Steiner hatte zu ihm und seiner Frau Johanna, geborene of Skene, bereits viele Jahre lang freundschaftliche Beziehungen gepflegt. Die 18 Güter umfassten 7500 ha – ein Hektar sind 100 x 100 m, also 10 000 Quadratmeter –, was für damalige Zeiten, als noch mit dem Pferd gepflügt wurde, eine stattliche Größe war; zum Vergleich: Die durchschnittliche Betriebsgröße in der Schweiz beträgt heute, nach vielen Jahren des Strukturwandels, nur knapp 20 ha! Auf diesem Gut hielt Rudolf Steiner also die Vorträge, und es kamen etwa 130 Zuhörer, davon über die Hälfte Landwirte. Es gab ein Begleitprogramm in Breslau mit Vorträgen und Eurythmie-Aufführungen, und alle Gäste mussten jeden Tag von Breslau nach Koberwitz und zurück transportiert werden.[*]

---

[*] Eine genauere Darstellung des Ereignisses findet sich in dem Buch «Koberwitz, Pfingsten 1924», Peter Selg 2009.

Was ist die tragende Idee des Landwirtschaftlichen Kurses?

Die Hauptidee von Rudolf Steiner, der Degeneration etwas entgegenzusetzen, besteht darin, die Erde neu mit dem Kosmischen zu verbinden. Oder anders ausgedrückt: Die kosmischen Kräfte sollen erkraftend, revitalisierend auf die Erde wirken können. – Wie soll das gehen? Oder andersherum gefragt: strahlen die kosmischen Kräfte nicht sowieso immer auf die Erde?

Wenn sich die Erde jedoch in einem «Welkezustand» (Bockemühl und Järvinnen) befindet, so ist sie nicht mehr ganz aufnahmefähig für die kosmischen Kräfte. Und dann ist herauszufinden, wie sie erneut Tore für die kosmischen Kräfte öffnen kann.

Rudolf Steiner setzt im Wesentlichen auf zwei «Strategien»: auf Chaosmomente und auf Individualisierung.

Chaosmomente

Wir kennen das von Lebenskrisen: Mitten in einer Krise geht es uns schlecht, wir sind empfänglich für Ratschläge von Freunden, Ärzten oder Therapeuten und Neues kann in unser Leben Einzug halten. Nach einer Krise beschreiten wir häufig andere Wege als vorher. Chaos ist so gesehen wie eine Krise. Natürlich nicht jedes Chaos, aber zum Beispiel –

das Samenchaos. Wenn der Same nach seiner gleichsam komatösen Ruhe mit Wasser, Wärme und Licht einen neuen Lebensimpuls empfängt und sein Innenleben anfängt, sich zu regen, um zu keimen, dann ist das ein Chaosmoment. Speichergewebe wird in Nährmedium umgewandelt, um dem zarten Keimling zu dienen. Oder wenn der Boden bearbeitet wird, dann tritt für das Bodenleben zunächst Chaos ein. Oder wenn die biologisch-dynamischen Spritzpräparate gerührt werden: eine Stunde lang jeweils eine Minute links und dann eine Minute lang rechts herum, dazwischen kräftig gegengerührt, um ein Wasser-Chaos zu erzeugen. – Das sind für Prägung offene Momente. Und die empfiehlt Rudolf Steiner zu nutzen. Durch gezielt nach bestimmten Sternenkonstellationen ausgesuchte Momente mit im dargestellten Sinne chaotisierenden Maßnahmen sollen die Kräfte dieser Konstellationen hereinwirken auf die Erde. – Das bewusste Aufeinander-Abstimmen von bestimmten Sternenkonstellationen und Chaosmomenten in der landwirtschaftlich kultivierten Natur soll demnach gezielt die Erde für die kosmischen Kräfte aufschließen und diese nutzbar machen. Das ist die eine Seite.

Die andere Seite ist die Individualisierung.

Individualisierung

Den Begriff des Individuums kennen wir eigentlich nur vom Menschen. Das Individuum ist das Unteilbare, die ureigenste Identität, die nur wir sind, oder, mit anderen Worten, unser Ich. Mit dem Begriff des Individuums ist untrennbar derjenige der Entwicklung verbunden. Wenn wir uns nicht mehr entwickeln, verlieren wir unseren Charakter, unsere Identität.

Rudolf Steiner schaut nun mit diesem Blick auf die kultivierte Natur, auf die Landwirtschaft. Der dritte Satz im zweiten Vortrag des Landwirtschaftlichen Kurses ist der alles entscheidende Satz: *«Nun, eine Landwirtschaft erfüllt eigentlich ihr Wesen im besten Sinne des Wortes, wenn sie aufgefasst werden kann als eine Art Individualität für sich, eine wirklich in sich geschlossene Individualität.»* – Mit diesem Satz ist das «Programm» des Landwirtschaftlichen Kurses klar ausgesprochen. Gleichzeitig ist dieser Satz ein Lehrstück in Sachen Freiheitlichkeit und Anthroposophie. Rudolf Steiner sagt nicht, «die Landwirtschaft ist eine Individualität», sondern er sagt, dass sie ihr Wesen – und das ist die anthroposophisch-geisteswissenschaftliche Komponente, darauf überhaupt hinzublicken – im besten Sinne entfaltet, wenn sie aufgefasst werden kann als eine Art Individualität für sich. – Es liegt also an einem selbst, wie man die Landwirtschaft auffassen kann und will. Heute wird sie ja meist wie eine Industrie oder die Pflanze wie ein Bioreaktor aufgefasst. Je nachdem, wie ich auf sie – die Landwirtschaft, die Pflanze – schaue, reagiert sie, weiß ein altes Lebensgesetz. Wie eine solche Ansicht konkret zu realisieren ist, macht Rudolf Steiner am Ende des vierten Vortrags deutlich: *«Der Mensch wird zur Grundlage gemacht.»* – Wenn man den menschlichen Organismus gut kennt und dann mit diesem Wissen auf die Landwirtschaft schaut, dann stellt sie sich ganz anders dar, als wenn man sie als bloße «Natur» oder gar als «Industrie» betrachtet.

Im Landwirtschaftlichen Kurs wird die Landwirtschaft durch das menschliche Okular angeschaut! Rudolf Steiner schildert beispielsweise, dass die landwirtschaftliche Individualität «auf dem Kopf» steht – das, was beim Menschen der ruhig gehaltene Nerven-Sinnes-Pol im Kopf ist, das ist in der Landwirtschaft der mineralische, eher unbelebte Boden –, und fügt an, dass wir «im Bauche der landwirtschaftlichen Individualität herumlaufen». Zunächst scheint das Bild fernliegend, doch lenkt es die Aufmerksamkeit darauf, dass die hauptsächlichen Stoffwechselvorgänge über der Erde stattfinden; Pflanzliches wird und vergeht. Durch solche Bilder werden Zusammenhänge sichtbar: In der Ernährung wirken die Wurzelfrüchte, das Mineralische eher auf den Kopf – in Nordrhein-Westfalen bekamen früher die Erstklässler zur Einschulung einen Rettich! –, der Blattbereich auf das rhythmische System (Herz, Lunge) und die Blüten – Kamillentee bei Bauchschmerzen! – und Früchte auf den Stoffwechsel-Gliedmaßen-Bereich.

Im Landwirtschaftlichen Kurs wird die Natur also vom Menschen aus, d.h. von ihrem Entwicklungsziel bzw. ihrer höchsten Erscheinungsform her angeschaut. Das prägt die Anschauung der Natur und den ganzen Umgang mit ihr – Anschauen wie Umgehen sind entwicklungsorientiert.

Ist die landwirtschaftliche Individualität weitgehend geschlossen, d.h. werden nicht künstliche Dünger oder Futtermittel – zum Beispiel Soja aus Südamerika – in größerem Umfang zugeführt, dann beziehen sich alle Organe des Betriebs stärker aufeinander. Es können zum Beispiel nicht mehr Tiere gehalten werden, als der Betrieb Futter hervorbringt. Oder es entsteht nur so viel tierischer Dünger, dass eine Überdüngung nicht möglich ist. Das ist für die heutige Umweltsituation sehr relevant, da viele Gewässer – Grundwässer, Oberflächenwässer und Meere – mit Düngestoffen aus der Landwirtschaft hoch belastet sind. Aber es sind auch feinere Wirkungen, die entstehen, wenn der Betrieb als eine weitgehend in sich geschlossene Individualität aufgefasst wird. So frisst sich die Kuh im Laufe einer Fruchtfolge mit dem Ackerfutter, das in jährlicher Folge von Feld zu Feld wechselt, «durch den Betrieb», «besinnt» ihn, indem sie das Futter wiederkaut und fast träumend «durchschmeckt», und gleicht gegebenenfalls Einseitigkeiten durch ihren Organismus aus. Darüber hinaus, so stellt Rudolf Steiner dar, entzieht die Kuh im Unterschied zum Menschen dem Futter nicht die Bewusstseinskräfte. Dadurch bleibt die «Ich-Anlage» im Mist enthalten, und mit diesem wird die Pflanze gedüngt, die dann wieder von der Kuh gefressen wird. So kann, bildlich gesprochen, eine Spirale der immer weiteren Höherentwicklung, eine zunehmende Individualisierung eines solchen Hoforganismus entstehen. Dies übertrifft die Möglichkeiten der sogenannten Kreislaufwirtschaft; wir stellen uns häufig wie in einem Diagramm vor, dass auf der horizontalen Ebene Getreide und andere Produkte «rechts» den Hof verlassen, weshalb «vorne», «von links» zum Beispiel Düngestoffe eingeführt werden müssten. Der biologische Landbau ist jedoch anders: Die meisten Düngestoffe holt er sich von oben und unten. Von oben, aus der Luft, den Stickstoff mit Hilfe der Schmetterlingsblütler, und die Mineralstoffe von unten, durch den aktiven Mineralaufschluss durch die Pflanzenwurzeln.

Dem Menschen, der während seines Lebens tüchtig Lebenserfahrungen sammelt und diese besinnt, wird das Herz groß und die Gedanken hell – er wird weise. – So ähnlich lässt es sich bei einem landwirtschaftlichen Betrieb vorstellen: Wenn er bei weitgehender Geschlossenheit sich selber immer weiter entwickelt, dann werden die Stoffe, wie bei einer Pflanze, die ja auch die Stoffe verfeinert, bevor sie zur Blüte schreiten kann, immer feiner, alles wird immer differenzierter und leichter. So zeigen Untersuchungen, dass der Phosphor in biologisch-dynamischen Böden in einer regsameren und damit für Pflanzen leichter aufnehmbaren Form vorliegt.

Wie ein weiser Mensch geistnäher ist, so ist es ein älterer biologisch-dynamischer Betrieb auch: Er ist offener für kosmische Einflüsse, weil nicht immer wieder neue und rohe Stoffe von außen die Grund-Verdauungstätigkeiten ansprechen und die Kräfte binden.

Auf diese Weise führt auch die Individualisierung zu einer gewissen Offenheit für kosmische Einflüsse.

Chaosmomente und Individualisierung sind die beiden Werkzeuge, um die Erde für kosmische Kräfte neu aufzuschließen.

Entwicklung des Menschen

Zu den beiden Werkzeugen Chaos und Individualisierung kommt noch ein drittes Moment. Das ist das Moment der

Selbstentwicklung des Menschen. Biologisch-dynamische Landwirtschaft findet nicht nur «da draußen», sondern in engem Zusammenhang mit dem sie betreibenden Menschen statt. So wie der Hof sich entwickeln soll, sollte der landwirtschaftende Mensch sich entwickeln. Wie ein guter Lehrer sich in seine Schüler hineinzuversetzen vermag oder ein guter Arzt seinem Patienten «anspürt», was ihm fehlt, so kennzeichnet einen guten biologisch-dynamischen Bauern, dass er sich eine höhere Wahrnehmung der natürlichen Lebenszusammenhänge aneignet. Wie immer, wenn man zu den feineren, geistigeren Zonen aufbricht, steht einem erst mal einiges im Wege – vorwiegend man selbst mit den eigenen Angewohnheiten und Beschränkungen – beziehungsweise der Zweifel. Wahrscheinlich gibt es kaum jemanden im biologisch-dynamischen Zusammenhang, der nicht die Fragen in sich kennt: Wirken die biologisch-dynamischen Maßnahmen wirklich? Gibt es so etwas wie eine geistige Welt wirklich, was ist das mit diesen kosmischen Kräften? Der Zweifel kann sogar in Ablehnung oder gar Hass umschlagen.

Da muss man dann irgendwie dran, sonst lähmt es einen.

Im Westen des Goetheanum* im roten Fenster ist links dargestellt, wie die inneren «Tiere» – wie Furcht, Hass und Zweifel – ziemlich groß in der Seele sind. In dem mittleren Fenster sehen wir ein großes Menschen-Antlitz, umgeben

---

* Das Goetheanum ist der Sitz der Allgemeinen Anthroposophischen Gesellschaft und der Freien Hochschule für Geisteswissenschaft in Dornach, Schweiz.

mit dem Viergetier – den vier Aposteln – und einigen angedeuteten Chakren bzw. Lotusblüten. Insbesondere die sechzehnblättrige Lotusblume im Kehlkopfbereich gilt als geistiges Wahrnehmungsorgan für Naturgesetzlichkeiten; auch in gotischen Domen zum Beispiel finden wir im Westen die sechzehnblättrige Rose als Fenster. Setzen wir uns mit der Christus-Wesenheit auseinander und können durch Meditation die Chakren bzw. Lotusblumen in Drehung versetzen, so kommen wir mit den «Tieren» in uns etwas besser zurecht; im rechten Fenster ist dargestellt, wie die «Tiere» kleiner werden, während unsere Seele engelgetragen aufwärts streben kann.

Das Kosmische muss nicht nur herunter auf die Erde kommen, sondern wir können auch, wenn wir wollen, das Irdische dem Kosmischen entgegen tragen. – Auch diese Bewegung ist möglich und entspricht der Geste, die Rudolf Steiner wohl im Sinn hatte, als er den Wurf einer anthroposophischen Landwirtschaft vornahm.*

---

* Was hier nur kurz angedeutet ist, kann anhand der Publikation «Das Christliche und die Landwirtschaft» (Landwirtschaftliche Tagung 2010) vertieft werden.

KONKRETE BIOLOGISCH-DYNAMISCHE MASSNAHMEN

Welche besonderen Maßnahmen werden angewandt, um die kosmischen Kräfte für die Erde zugänglicher zu machen?

Aussaatzeitpunkte

Eine Möglichkeit, das Kosmische auf der Erde fruchtbarer werden zu lassen, ist die Wahl der Aussaatzeitpunkte. Dabei besteht die Kunst darin, die Chaosmomente so einzurichten, dass sie im «richtigen» Moment stattfinden. In diesem Zusammenhang sind die sogenannten «Aussaatkalender» bekannt, die Hinweise darüber geben, wann zum Beispiel ein Wurzelgemüse am besten gesät wird, zum Beispiel drei Tage vor Vollmond. – So ein Kalender ist zwar eine gute Hilfestellung, am besten ist es allerdings, sich selber ein Bild von den kosmischen Verhältnissen in Bezug zur Pflanze zu machen, um keine Landwirtschaft nach Rezeptbuch zu betreiben. Für das selbständige Erarbeiten werden auf die konkreten Himmelsbewegungen ausgerichtete Kalender angeboten, die die Planetenbewegungen am Himmel verständlich darstellen.*

---

* Hinweise am Ende dieser Schrift.

Biologisch-dynamische Präparate

Ein besonderer Kunstgriff sind die von Rudolf Steiner erfundenen Präparate. Auch diese sind entwickelt worden, um kosmische Kräfte auf die Erde zu binden. Die Präparate haben, verallgemeinernd geschaut, folgendes Bildeprinzip: Etwas Natürliches wird in eine tierische Organhülle gegeben und über eine bestimmte Periode im Jahr in die Erde eingegraben. Danach wird es in kleiner Dosierung in Lebensprozesse übergeführt, um diese im Sinne der Individualisierung anzuregen.

Grob unterteilt, gibt es zwei Arten von Präparaten:
Die Kompost- und die Spritzpräparate.

Bei den Kompostpräparaten ist das Bildeprinzip, vereinfacht gesprochen, so, dass Pflanzenteile, meist die Blüte, in die tierische Organhülle gefüllt werden, zum Beispiel Schafgarbenblüten in eine Hirschblase. Die so vorbereitete Hirschblase wird über den Sommer an die Luft gehängt und im Winter in die Erde vergraben, im Frühjahr wieder herausgeholt, und dann wird eine kleine Menge – so viel, wie zwischen die Fingerspitzen passt – der dann fermentierten Schafgarbenblüte jeweils im Abstand von 1,5 m in einen Komposthaufen gegeben. Dort soll die Substanz ausstrahlen. Bei dem Brennnesselpräparat bezeichnet Rudolf Steiner die Wirkung als «durchvernünftigend» – wieder ein Begriff, der auf das Menschliche bezogen ist. Es gibt insgesamt fünf dieser Kompostpräparate: Schafgarbe, Brennnessel, Löwenzahn, Eiche und Kamille, und zusätzlich noch

Baldrian (der etwas anders hergestellt wird). Auch Schachtelhalm spielt eine Rolle, jedoch außerhalb der klassischen Präparate.

Für die beiden Spritzpräparate wird einmal Kuhmist in ein Kuhhorn gefüllt, über den Winter vergraben und ab dem Frühjahr mit einer bestimmten Menge – zum Beispiel vier tennisballgroße Mengen – in einem Fass mit Wasser eine Stunde lang rhythmisch gerührt und auf den Ackerboden ausgespritzt. Für das sogenannte Hornkieselpräparat wird Quarz oder Feldspat feinstmöglich zerrieben, so fein, bis ein Kubikzentimeter Quarzmehl etwa die Oberfläche eines Fußballfeldes hat; dann wird dieses Gesteinsmehl in ein Kuhhorn gefüllt, über den Sommer eingegraben, in der Vegetationszeit in fingerhutgroßer Menge in Wasser rhythmisch gerührt und über die meist jungen Pflanzen versprüht.

Die biologisch-dynamischen Präparate fußen auf der Idee, dass die besondere Kräftegestalt, die beispielsweise in einem bestimmt ausgeformten Blatt liegt, mit der bestimmten Kraftgeste, die einem bestimmten Tierorgan eigen ist, kombiniert wird. Diese Kombination wird dann den kosmischen Strahlen im Winter im ruhigen und damit kosmisch durchstrahlbaren Boden ausgesetzt. So wird die besondere Kräfteorganisation mit kosmischen Kräften zusammengeführt und in der entsprechenden Substanz konzentriert. Wird diese Substanz dann Lebensprozessen wie im Kompost oder gerührtem Wasser zugegeben, so kann das jeweilige Medium – Kompost, Wasser – diese Kraftgesten aufnehmen und den «Zielorganismen», den Pflanzen und dem Boden mitteilen. Diese «Zielorganismen» sollen dann sensitiver und selber aufnahmefähiger für Umkreiswirkungen werden.

Im Gegensatz zu vielem anderen, was heute in der Landwirtschaft üblich ist, legte Rudolf Steiner besonderen Wert darauf, dass man mit diesen Maßnahmen «immer im Lebendigen» bleiben möge. Das ist ein Unterschied zu «mineralischen» und damit unlebendigen – häufig wasserlöslichen – Düngemitteln in der konventionellen Landwirtschaft.

Während die heutige Agrarindustrie je länger je mehr darauf bedacht ist, sich ihre «Innovationen» durch Patente schützen – und durch Lizenzen gut bezahlen – zu lassen, sind die biologisch-dynamischen Präparate ein Geschenk Rudolf Steiners an die Menschheit, die jeder in seinem Betrieb selber herstellen – und damit von Patenten und Lizenzen unabhängig bleiben kann.

Düngung

Die Düngung hat in der biologisch-dynamischen Landwirtschaft eine ganz besondere Note. Während wir normalerweise in der Schule lernen, dass die Pflanze Nährstoffe braucht, die in der konventionellen Landwirtschaft – «aus dem Sack», wie es heißt – gedüngt werden, legt Rudolf Steiner das Gewicht auf einen ganz anderen Zusammenhang: Im Wesentlichen geht es um die Bodenbelebung. «Düngen heißt, den Boden verlebendigen» ist ein Leitspruch, den man aus dem Landwirtschaftlichen Kurs ableiten kann.

Daraus ergeben sich ganz andere Maßnahmen für die Praxis, als wenn man den Boden lediglich als Standraum für Pflanzen betrachtet, wo über die Bodenlösung der Pflanze Nährstoffe zugeführt werden. Denn: Wie verlebendigt man einen Boden? In der oberen Bodenschicht, dem sogenannten Mutterboden, also in der dunkelbraun gefärbten, meist etwa 25 cm tiefen Schicht, sind die mineralischen Bestandteile und die organischen, also von lebenden Organismen stammenden Substanzen wie zum Beispiel Wurzeln und Pflanzenreste, durchmischt. Von den organischen Bestandteilen kommt die dunkle Färbung des Bodens. Ist der organische Anteil recht hoch, so spricht man von Humus.

Dieser macht im Grunde die sogenannte Bodenfruchtbarkeit aus. Unter Bodenfruchtbarkeit versteht man nicht nur die Nährstoffe, sondern die Wasser- und Luftzügigkeit des Bodens, die Krümelung, die Erwärmbarkeit usw. Will man den Boden also verlebendigen, muss man an dieser Seite des Organischen ansetzen. Und da besteht die Kunst darin, die richtige Art von organischer Düngung zur rechten Zeit in der richtigen Menge dem Boden zuzuführen. Da gibt es die unterschiedlichsten Methoden. Eine wichtige ist in der biologisch-dynamischen Landwirtschaft die Düngung mit tierischem Mist, am besten Wiederkäuer-, am allerbesten Kuhmist. Kuhmist galt früher als «das Gold des Landwirts». Etwas Besseres gibt es nicht für den Boden. Und wenn dieser Mist noch mit biologisch-dynamischen Präparaten versetzt ist, so stellt er vermutlich das Optimum für die Bodenverlebendigung dar. – Ein solcherart verlebendigter Boden hilft der Pflanze, sich ihre Nährstoffe selber zu suchen – «aktive Nährstoffmobilisierung» hat Edwin Scheller, ein biologisch-dynamischer Forscher, diesen Vorgang einmal genannt. Ein Boden mit aktiv sich ihre Nährstoffe suchenden Pflanzen ist ein weiteres «Werkzeug» für eine Individualisierung – und damit Kosmos-Offenheit – des Betriebs.

Betriebseigene Zucht

Ein gesunder landwirtschaftlicher Betrieb sollte vor allem in Bezug auf den Dünger, aber auch in Bezug auf die Futtermittel weitgehend geschlossen sein. Dies ist für die Individualisierung – und heute würde man hinzufügen: weise vorausschauend gegen den Klimawandel – wichtig. Neben Dünger und Futtermitteln gibt es jedoch noch einen anderen wesentlichen «Input» in die Betriebe, und das ist das Saatgut. Saatgut wurde ursprünglich ganz in Bauernhand gehalten, bis sich vor gut 150 Jahren eine Art Saatgutbranche zu entwickeln begann. Der Vorteil einer spezialisierten Züchtung liegt auf der Hand: Durch Konzentration auf die Züchtung kann ein weit schnellerer Züchtungsfortschritt erzielt werden. Das Problem entstand eigentlich erst, als die Kommerzialisierung des Saatgutmarktes immer weiter fortschritt. Zunehmend gab und gibt der Staat die Saatgutarbeit in die Privatindustrie ab. Diese, auf Profitabilität getrimmt, ersinnt immer neue Wege und Methoden, um die «Kunden» – die Bauern – «an sich zu binden». Je öfter Saatgut von einer Sorte verkauft wird, umso profitabler, das sind die einfachen Gesetze der Marktwirtschaft. Diese führt, ob die Sorten nun Vorteile haben oder nicht, kurz gefasst, zum Schluss immer zur Gentechnik, da gentechnisch manipulierte Sorten patentiert werden können. – Diese Vereinheitlichungstendenz mit gleichzeitig immer mehr Abhängigkeiten steht dem bäuerlichen Selbsterhaltungsmoment gegenüber. Biologisch-dynamische Landwirte brauchen standörtlich, und am besten betriebsspezifisch angepasste bzw. anpassungsfähige, lokale Sorten, die mit der Betriebsindividualität «mit wachsen» bzw. diese mit ausmachen können.

Das legt im Grunde eine eigene Züchtung auf jedem Betrieb nahe. Das ist natürlich schwer zu verwirklichen. Es gibt jedoch auch biologisch-dynamische Zuchtstationen, die zum Teil eng mit biologisch-dynamischen Betrieben zusammenarbeiten. Mit solcherart in ökologischen bzw. biologisch-dynamischen Verhältnissen gezüchteten regionalen Sorten kommen Landwirte und Gärtner jedoch schon ganz gut zurecht. Da diese Züchtungen nicht ausschließlich aus Verkaufserträgen finanziert werden können – es ist ja sogar erwünscht, dass die Sorten mehrjährig nachgebaut werden –, braucht so eine Züchtung öffentliche bzw. gemeinnützige Unterstützung. Die Zukunftsstiftung Landwirtschaft in Bochum (Deutschland) koordiniert heute diese Unterstützung.

Das Gleiche gilt für die Tiere. Für die Kühe gibt es mittlerweile eine Organisationsform, die Internet-Plattform www. biorindviehzucht.ch. Für die anderen Tierarten fehlt noch Vergleichbares.

Bis hierhin sei die biologisch-dynamische Landwirtschaft in ihren wesentlichen Motiven einmal kurz charakterisiert.

Man sieht schon, dass sie noch einen anderen Ansatz verfolgt als den, der im klassischen Biolandbau (Kreislaufwirtschaft) üblich ist.*

---

* Selbstverständlich hat sich die biologisch-dynamische Landbaukultur seit dem Erscheinen des Landwirtschaftlichen Kurses weiter entwickelt! Einen schönen Überblick, wie einzelne Menschen Motive des Landwirtschaftlichen Kurses für sich «anverwandelt» haben, gibt «Der Landwirtschaftliche Kurs – wie lebe ich mit dieser Inspirationsquelle?» (Tagungsband der Landwirtschaftlichen Tagung 2009)

DIE BODENRECHTSFRAGE

Biologisch-dynamische Landwirtschaft – vor allem im Hinblick auf die Individualitätsfrage – ist unvollständig, wenn nicht noch ein entscheidender Punkt hinzukommt: Wem gehört das Land? Rudolf Steiner – und auf ihn wollen wir hier schauen – hat Angaben dazu gemacht, dass der Boden von seinem Warenwert befreit werden müsse. Wenn man sich anschaut, was heute unter dem Stichwort «landgrabbing» – also der Aneignung von Böden weltweit – geschieht, dann kann man erahnen, warum Rudolf Steiner auf die Wichtigkeit eines angemessenen Umgangs mit Grund und Boden hingewiesen hat. In Kurzfassung geht es darum, dass der Boden aus dem Privatbesitz herausgenommen wird, um der Spekulation entzogen zu werden, ohne in Kollektivierungstendenzen wie im ehemaligen Ostblock zu verfallen. Im Zusammenhang mit Wilhelm Ernst Barkhoff und der Bochumer GLS Bank und Treuhandstelle ist in den 60er Jahren des letzten Jahrhunderts mit einigen Höfen ein neuer Weg beschritten worden, indem das Eigentum an Grund und Boden an gemeinnützige Vereine übertragen wurde. Diese verpachten dann das Land an eine Betriebsgemeinschaft. – Die Erfahrung mit diesen Betrieben ist insofern besonders bemerkenswert, als es gerade diese Betriebe sind, die immer vielseitiger werden! Während weltweit die Landwirtschaft immer monotoner wird, werden diese Betriebe immer vielfältiger! Ein Phänomen! Der Hauptgrund liegt wohl darin begründet, dass das Land, wenn es nicht mehr einer Privatperson gehört, für andere

Menschen zugänglich wird. Nicht mehr der Erbe hat das Sagen, sondern der Kompetenteste oder der jeweils Verantwortliche. Das schafft den Rahmen dafür, dass sich Leben vielfältig entwickeln kann. Zu der Urproduktion, die sich zunehmend erweitert zu beispielsweise Bienenhaltung oder Landschaftsgestaltung, gesellt sich die Verarbeitung wie Käserei und Bäckerei, dann der Handel – meist Direktvermarktung wie durch einen Hofladen –, dann die Ausbildung, mitunter noch Kindergärten oder sogar Schulen, etc. Es sind darüber hinaus gerade diese Höfe, die einen Großteil der biologisch-dynamischen Verbands- und Ausbildungsorganisation tragen. Heute werden auch noch weitere Sozialformen praktiziert, so gemeinschaftsgetragene Höfe (Community Supported Agriculture, CSAs) oder Bürger-Aktiengesellschaften.

BEGLEITERSCHEINUNGEN DER BIOLOGISCH-DYNAMISCHEN LANDWIRTSCHAFT

Vielseitigkeit

Ein – nicht direkt von Rudolf Steiner kommendes – biologisch-dynamisches Ideal besteht darin, zwölf Tierarten auf dem Hof zu halten. – Mögen Sie mal raten, welche das sind? (Auflösung auf Seite 46)

Diese Vielseitigkeit – auch bei Pflanzen und Pflanzengesellschaften – trägt dazu bei, dass ein sich gegenseitig anregendes Miteinander aller Lebewesen sich entfalten kann.

Gute fachliche Praxis

Wer nun glaubt, dass eine biologisch-dynamische Landwirtschaft etwas für Idealisten ist, der hat sich nicht getäuscht. Aber: so eine sensible und in gewissem Sinne umfassende Landwirtschaft braucht hohes, schlicht landwirtschaftliches Können. Wer Bearbeitungsfehler auf dem Feld nicht mit dem Düngesack korrigieren kann, wer optimale Futterplanungen vornehmen muss, damit im ausgehenden Winter die Tiere nicht hungern müssen, und wer den Betrieb so gut im Griff haben muss, dass noch Zeit zum Präparaterühren bleibt, der muss landwirtschaftlich «fit» sein – und die Praxis bestätigt das auch: In den «normalen» landwirtschaftlichen Berufs- und Meisterschulen zählen die Teilnehmer von biologisch-dynamischen Höfen meist zu den Besten.

Ausbildung

Kann man so eine Landwirtschaft einfach «machen»? Für die biologisch-dynamische Landwirtschaft gilt zum Teil, was auch für Kindererziehung und die Ehe gilt: es gibt keine Schulen dafür, man kann die Könnerschaft nur im Tun (und Erleiden) ausbilden. Aber gleichwohl gibt es bestimmte Dinge, die man lernen kann und können muss, wie den Umgang mit den Präparaten. Auch das könnte man in nebenberuflichen Kursen lernen. Gravierender sind jedoch die Folgen des allgemeinen Denkens, das wir heute von der Schule über die Fachbildungen bis zur Universität lernen: dieses ist im Grunde geprägt von Materialismus und einseitigem Darwinismus. Und selbst Waldorfschüler nehmen das heutzutage «über die Poren» gesellschaftlich auf. Dieses Denken steht einem biologisch-dynamischen Denken häufig im Wege. Und das kann man auch nicht lernen, wenn Berufsschulen beispielsweise ein «Wahlfach» Biolandbau, oder gar biologisch-dynamische Landwirtschaft, anbieten, das gerne noch dazu kurz nach oder vor die Mittagspause gelegt wird. Bio(logisch-dynamische) Landwirtschaft ist nicht ein «+», das man wie Sahne auf normale Landwirtschaft aufsetzt. Es ist etwas grundständig Anderes! Es ist geradezu umgekehrt: Wie Schreiner erst das Handhobeln und Handsägen lernen, bevor sie an die Maschinen dürfen, müssten so gesehen eigentlich alle Landwirte erst einmal

Bio(dynamischen) Landbau lernen, weil es eine ungekünstelte, handwerklich herausforderndere Form der Landwirtschaft ist. Ein Hähnchenmastbetrieb entspräche dann einer nachfolgenden Spezialisierung.

Es gibt seit fast 30 Jahren, zuerst in der Schweiz, dann in Norddeutschland, am Bodensee und mittlerweile in Mittel- und Ostdeutschland sogenannte freie biologisch-dynamische Ausbildungen, wo nach dem bewährten Deutschsprachige-Länder-Prinzip biologisch-dynamische Landwirtschaft in einer dualen (d. h. Leben und Arbeiten auf dem Hof und ab und zu in die Schule gehen) vierjährigen Ausbildung gelehrt wird. Daneben gibt es bezogen auf Europa in Holland, Schweden, Frankreich, England und Österreich jeweils eigene Formen und Arten biologisch-dynamischer Ausbildung, der Tradition der Länder gemäß manchmal mehr schulisch ausgerichtet. Der Dottenfelderhof ermöglicht eine einjährige Weiterbildung und die Koordinationsstelle Biologisch-dynamische Landwirtschaft an der Universität Kassel-Witzenhausen auch ein universitäres Angebot.

Verbreitung

Der Landwirtschaftliche Kurs trägt den Titel «Geisteswissenschaftliche Grundlagen zum Gedeihen der Landwirtschaft». In erster Linie zielte er nicht auf die Entwicklung einer Nischen-Landwirtschaft hin, sondern wollte die Landwirtschaft insgesamt inspirieren. Geschichtlich hat sich dennoch eine bestimmte Form der Landwirtschaft entwickelt, die 1927, gut zwei Jahre nach Rudolf Steiners Tod, «biologisch-dynamische» Landwirtschaft genannt wurde: biologisch aufgrund der weitgehenden Geschlossenheit und dynamisch hinsichtlich der Kräfte, mit denen gearbeitet wird. Wenig später waren die ersten Erzeugnisse auf dem Markt. Für diese Erzeugnisse brauchte man ein Güte- bzw. Warenzeichen. Man einigte sich damals auf «Demeter», den Namen der griechischen Göttin der Fruchtbarkeit. Heute (2010) wirtschaften weltweit 4263 biologisch-dynamische Höfe auf 129 208 ha in 41 Ländern nach den Demeter-Richtlinien, neben 431 Verarbeitern und 160 Händlern. Darüber hinaus gibt es viele biologisch-dynamisch wirtschaftende Betriebe, auch viele Kleinbauern in Indien und Tansania. Da sie nicht kontrolliert und zertifiziert werden, kann man über die Zahlen keine genauen Angaben machen, den Schätzungen nach sind es Tausende. Heute gibt es weit über 3000 verschiedene Demeter-Produkte auf dem Markt, mit einem geschätzten jährlichen Umsatz von 350 Millionen Euro.

Forschung

Wie kann so eine eigenständige Landwirtschaftsform sinnvoll begründet und weiterentwickelt werden? Da diese Landwirtschaftsform von jemandem – Rudolf Steiner – gegründet wurde, der offensichtlich Einsichten in die geistige Welt hatte, müsste man für eine Weiterentwicklung eigentlich an solche Quellen anknüpfen können. Rudolf Steiner hat einen sogenannten Schulungsweg entwickelt, der zu Einsichten in die geistige Welt befähigen soll. Im Anspruch Rudolf Steiners lag es, seine geistigen Forschungsresultate

für den gesunden Menschenverstand nachvollziehbar mit-
zuteilen und darzustellen, und diese Forschungsresultate
sollten sich im Leben als fruchtbar erweisen. Vor allem
kann man in und an der Natur üben: Mit dem Nachvollzug
des Jahreslaufes, der Pflanzenmetamorphose und der Tier-
entwicklung kann der Blick geschult und das Denken verlebendigt werden – die Ideen werden auf diesem Weg immer
beweglicher. In der Landwirtschaftspraxis kann die Evidenz
der Anregungen aus dem Landwirtschaftlichen Kurs durch
«tätiges Erleben», also durch Anwendung und Reflexion
«geprüft» werden. Forscherisch oder wissenschaftlich ist
das einen Deut schwieriger als herkömmlich verobjektivie-
rende Forschung, da man ja direkt in die Motivgründe ein-
dringen können sollte. Es hat sich nun über die vielen Jahre
herausgestellt, dass eine der biologisch-dynamischen Landwirtschaftsweise angemessene Forschungsmethode die
transdisziplinäre, als eine die Betroffenen einbeziehende,
Forschungsmethode ist. In Erweiterung zu dem, was auch
andere Landwirtschaftsforschungspraxis tut, nämlich Ver-
suche auf den Höfen anzulegen, On-farm research, kann
man diese Forschungsmethode mit In-farm research be-
schreiben, ein Forschungsweg also, auf dem man aktiv in
die besonderen Bedingungen des Hofes einsteigt und sich
eindenkt.*

---

*   Weiterführendes dazu in «Wie weiter mit der biologisch-dynami-
    schen Forschung?», Nikolai Fuchs 2010.

Reflexe

Oft heißt es, «biologisch-dynamisch» sei «Biolandbau plus Präparate». Aus der vorliegenden Schrift geht hervor, dass das so nicht stimmt – oder stimmt, aber nicht richtig ist. Während Biolandbau den Kreislaufgedanken der Natur «ablauscht» und imitiert bzw. kultiviert – und zum Beispiel beim Düngen mit Bildern lebt wie «die Regenwürmer füttern» –, geht die biologisch-dynamische Landwirtschaft ganz vom Bild des Menschen aus. Insofern kann man sie auch im wortgetreuen Sinn als «anthroposophische» – Weisheit-vom-Menschen – Landwirtschaft verstehen. Kann man sich über «Landwirtschaft als Organismus» noch mit dem Biolandbau verständigen, ist der Individualitätsgedanke jedoch originär «biologisch-dynamisch». – Damit sei nichts gegen den Biolandbau gesagt oder eine künstliche Abgrenzung vollzogen. Selbstverständlich ist biologisch-dynamische Landwirtschaft, wie der Name schon sagt, auch Biolandbau. Für eine starke Identität des Biologisch-Dynamischen ist allerdings entscheidend, dass ein Bewusstsein von den eigentlich identitätstiftenden Merkmalen desselben gepflegt wird. Auch im Interesse des Biolandbaus liegt eine identitätsstarke biologisch-dynamische Bewegung, damit spezifische Innovationen wie die Saatgutarbeit – für alle nutzbar – auch künftig weiterentwickelt werden.

Kritik

Die biologisch-dynamische Landwirtschaft steht eigentlich schon seit ihren Anfängen immer in der Kritik. Zuerst

war es vor allem die Düngemittelindustrie, die zum Beispiel 1933 ein Verbot von Demeter-Getreide in Thüringen
durchsetzte. Dann wurde die organisierte biologisch-dynamische Wirtschaftsweise 1941, vorwiegend wegen ihres
anthroposophischen Hintergrunds, von den Nationalsozia-
listen in Deutschland verboten. Legende sind schon die sogenannten «Spinner» im Dorf, wie die ersten Biodynamiker
in den 60er und 70er Jahren auf dem Land bezeichnet wurden. – Diese Kritik entzündet sich meiner Wahrnehmung
nach an der Andersartigkeit der biologisch-dynamischen
Wirtschaftsweise, die mit ihrem aktiven Einbeziehen des
Geistigen eine Provokation für den herrschenden Zeitgeist
darstellt.*

Von der Politik hingegen wurden die Biodynamiker schon
in den 80er Jahren zunehmend akzeptiert, als es um die Er-
arbeitung der EU-Verordnung zum Biolandbau ging. Mittlerweile hat sich die Kritik in der Gesellschaft weitgehend
verflüchtigt. Manchmal flammt sie noch auf, wenn es um
öffentliche Fördergelder geht. Dann wird in der konserva-
tiven Presse gerne mit vorgeschobenen, den anthroposophischen Hintergrund diffamierenden Kommentaren auf
die Biodynamiker eingedroschen. Empfindlich reagiert bis
heute jedoch die etablierte Wissenschaftslandschaft. Zwar
kann die Naturwissenschaft an den offensichtlichen Phä-
nomenen wie den vielen von der biologisch-dynamischen
Landwirtschaft erfüllten Nachhaltigkeitsindikatoren nicht

---

* Mit «Zeitgeist» ist hier nicht der nach anthroposophischer Auf-
fassung heute waltende Zeitgeist Michael gemeint, sondern das
allgemein Zeitgeistige.

sehr viel aussetzen, aber was sich naturwissenschaftlich nicht erklären lässt, das «darf es eigentlich nicht geben». Wenn der «Wirkmechanismus» hinter den Präparaten nicht gefunden werden kann, dann werden sie schon alleine deswegen nicht akzeptiert. Journalisten spüren diese Spannung und greifen sie gerne hin und wieder auf.

Es kann einem im Leben ja nichts Besseres passieren, als einem guten Kritiker zu begegnen. Aber gut muss er schon sein.*

---

*   Manche Kritik ist berechtigt bzw. an vielen Kritikpunkten findet sich auch etwas Berechtigtes. Das jeweils Berechtigte zu erkennen und damit zu arbeiten, ist stetige Entwicklungsherausforderung für die biologisch-dynamische Bewegung. Bestimmte, immer wiederkehrende Kritiken sind in dem Buch «Biologisch-dynamisch im Dialog», Olbrich-Majer 2008, behandelt.

Hörner

Hörner spielen in der biologisch-dynamischen Landwirtschaft eine entscheidende Rolle. Demeter ist der einzige
Verband, der das Enthornen von Kühen hauptsächlich aus
zwei Gründen untersagt. Zum einen weist Rudolf Steiner
auf die wichtige Bedeutung der Hörner für stoffwechsel-
betonte Tiere hin. In diesem Zusammenhang kann auf-
fallen, dass fast alle Wiederkäuer – Schafe, Ziegen, Antilo-
pen, Rehe, Hirsche … – Stirnforsätze haben. Vor diesem
Hintergrund verblasst die darwinistische Begründung, die
Hörner seien zum Stoßen da – und könnten ergo heute in
den Ställen einfach «abmontiert» werden.*

Sie sind also wichtiger Bestandteil der Integrität der Tiere
und brauchen eigentlich keine weitere «Nutzen-Begrün-
dung». Daneben werden die Hörner der geschlachteten
Tiere für die biologisch-dynamischen Präparate gebraucht.
Häufig werden Hörner als «Antennen» bezeichnet. Das ist
aber so nicht richtig. Hörner sind verdickte Haut, für Strahlungen weitgehend undurchlässig, weswegen sie auch für
die biologisch-dynamischen Präparate – zum «Sammeln»
der kosmischen Kräfte – verwendet werden. Geweihe beste-

---

* Heute sind im Allgemeinen 70 % aller Rinder bzw. Kühe enthornt.
  Den jungen Kälbchen werden die Hornknospen entweder weg-
  geätzt oder ausgebrannt, beides ist sehr schmerzhaft.

hen aus Knochen. Knochen ist mineralische Substanz, und das heißt, für Strahlungen potentiell durchdringbar. Wenn man also von «Antennen» sprechen will, dann sachgemäßer bei Geweihen.

FAQs (Frequently Asked Questions)

«Funktioniert» biologisch-dynamische Landwirtschaft?

Die ältesten heute bestehenden biologisch-dynamischen Betriebe sind 82 Jahre alt (seit 1928). Ich behaupte, dass es vor allem diese Höfe sind, die die bis heute bestehenden Zweifel von seiten der Wissenschaft anfänglich «aufgelöst» haben. Diese Höfe sind einfach nicht wegzudiskutieren, allen Unkenrufen der Wissenschaft und der landwirtschaftlichen berufsständischen Fachwelt zum Trotz. Nun kann man natürlich sagen, dass auch Biohöfe so alt werden können, dass das also noch kein Beweis ist für das «-dynamische». Und das stimmt insofern, als es bis heute noch keinen wissenschaftlich akzeptierten (d.h. in einem begutachteten Fachjournal erschienenen) Beweis für eine spezifisch biologisch-dynamische Maßnahme wie die Präparate gibt.*

Sehr viele Nachhaltigkeitspreise für biologisch-dynamische Höfe, auch überproportional viele im Vergleich mit dem Biolandbau, machen jedoch deutlich, dass das praktische Konzept aufgeht bzw. fruchtbar ist. Es ist der (Ent-)Wurf des Biodynamischen, der funktioniert und überzeugt.

---

* Ob es diesen Beweis so geben kann und auch soll, ist in «Wie weiter mit der biologisch-dynamischen Forschung?», Nikolai Fuchs 2010, diskutiert.

41

Die Natur reagiert wie alles Lebendige darauf, wie ich sie anschaue: Schaue ich einen Menschen an und traue ihm nichts zu, dann traut er sich vielleicht auch nichts zu und «bleibt stehen». Trauen wir hingegen einem Menschen etwas zu, dann kann er an seinen Aufgaben wachsen und sich auf diese Weise daran entwickeln. Ich glaube, so ist das auch ein bisschen mit der Natur oder der Landwirtschaft: Wenn ich in ihr tendenziell auf die Möglichkeiten sehe, wohin sich ein Jedes entwickeln kann, dann reagiert es ein Stück weit darauf. Das ist natürlich kein Rezept, das man intentional «wollen» kann, aber als eine potentielle Grundhaltung wirkt sie, davon bin ich überzeugt. Die «Reaktionen» eines solcherart angesprochenen Organismus sind jedoch gar nicht leicht wissenschaftlich messbar. Bzw. die Reaktion in ihrem Ergebnis manchmal schon, aber nicht, wenn man die Wirkung auf eine Ursache zurückführen oder sie gar noch mechanistisch begründen will. Als ein möglicher Beleg für meine Aussage mag ein Satz aus dem Guardian, einer englischen Tageszeitung, dienen, der am Ende eines Artikels steht, in welchem die biologisch-dynamische Landwirtschaft auf dem wissenschaftlichen Prüfstand gestanden hatte und das Fazit der Journalistin war: Wissenschaftlich ist nichts bewiesen. Aber: «… it is simply the passion the biodynamic farmer feels for his farm. Biodynamic farms are exceptionally pleasant places to be, with trees and flowers, and dogs and piglets wandering about, and an absolutely different smell to a conventional farm – biodynamic manure has a mild and sweet aroma …» – was ist wichtiger: der wissenschaftliche Beweis, oder dass etwas so ist, wie es ist?

Zusammenfassend kann man vielleicht sagen: Auch wenn der wissenschaftlich harte Beweis fehlt: Die pure Existenz und die offensichtliche Fruchtbarkeit des Ansatzes stehen für sich. Und sie beinhalten gleichzeitig die Provokation für die wissenschaftliche Welt, die nur noch glauben oder akzeptieren möchte, was wissenschaftlich bewiesen ist, dass es da etwas gibt, das real ist und das sich aus anderen Kategorien begründet als aus denjenigen, über welche die Naturwissenschaft mit ihren Methoden heute verfügt.

Kann man mit biologisch-dynamischer Landwirtschaft die Welt ernähren?

Man kann (es gilt hier das Gleiche wie beim Biolandbau) – vorausgesetzt, dass weniger Fleisch als heute in der westlichen Welt üblich gegessen wird; bei biologisch(-dynamischer) Landwirtschaft gäbe es ohnehin nicht diese Fleischberge. Das gilt auch, wenn die Weltbevölkerung auf 9 Milliarden Menschen ansteigt.

Kann jeder biologisch-dynamische Landwirtschaft betreiben – oder muss man beispielsweise dafür Anthroposoph sein?

Selbstverständlich kann jeder, der will, biologisch-dynamische Landwirtschaft betreiben, denn der Landwirtschaftliche Kurs ist öffentlich zugänglich. Jeder, der die Demeter-Richtlinien erfüllt, kann «Demeter-Landwirtschaft» betreiben – er braucht dafür allerdings einen Vertrag mit einer anerkannten Demeter-Organisation und muss sich dem Kontrollregime unterwerfen.

Man muss nicht im engeren Sinne «Anthroposoph» sein; schätzungsweise sind nur etwa 5 % der biologisch-dynamischen Landwirte Mitglied in der Anthroposophischen Gesellschaft, was auch nur heißt, dass man in einer Einrichtung wie dem Goetheanum etwas Berechtigtes sieht. Allerdings verliert die biologisch-dynamische Landwirtschaft ihren geistigen Kern, wenn sich niemand mit ihren anthroposophischen Grundlagen und Hintergründen beschäftigt.

Anthroposophie hat etwas Allgemeines und etwas Besonderes. Das Allgemeine ist, dass sie eine Wissenschaft der geistigen Welt darstellt, die keine weiteren Vorbedingungen an ihre Erforscher stellt, als dass man ein wacher Zeitgenosse heutiger Zeit ist. So gesehen kann jeder diesen Weg gehen. Sie hat aber auch etwas Besonderes – sie ist durch einen besonderen Menschen – Rudolf Steiner – in die Welt gekommen. Dieser Mensch hatte seine Art und Weise, die Dinge darzustellen. Das äußert sich im Sprachstil, in der Art der Bilder, die er gemalt hat, den Formen der Skulpturen, die er geschaffen hat, der Bewegungskunst Eurythmie, der organischen Architektur etc. Manche Menschen können damit umgehen und sich damit verbinden, andere nicht so gut. Deswegen ist abzusehen, dass Anthroposophie vermutlich nichts für die ganze Menschheit – als Übernommenes, als «Anthroposoph-Sein» – ist. Auch wenn man, um biologisch-dynamische Landwirtschaft zu betreiben, kein «Anthroposoph» sein muss – wenn man die Anthroposophie innerlich ablehnt, geht es nicht, und man sollte sie dann auch nicht praktizieren, sonst wird es künstlich oder irgendwie «schräg». – Die biologisch-dynamische Bewegung trägt den Allbeglückungsanspruch auch nicht in sich. Sie lebt eher mit – ebenfalls nicht ganz anspruchslosen – Bildern wie die Hefe im (Bio-)Kuchen zu sein …

Umstellen auf biologisch-dynamische Landwirtschaft

Wenn man schaut, wie viele Bauern zur biologisch-dynamischen Wirtschaftsweise gekommen sind, dann kann man bemerken, dass sie in sensiblen Lebensphasen auf sie gestoßen sind. Meist waren es Krankheiten oder andere Schicksalsschläge in der Familie, die die Frage entstehen ließen: Was will ich in meinem Leben eigentlich machen? Worum geht es? Was ist wesentlich? – Wenn in so einer Lebenssituation die Begegnung mit der biologisch-dynamischen Landwirtschaft stattfand, war das oft lebensprägend. – Und das passt ja auch ins Bild: Wie die kosmischen Strahlungen in Chaosmomenten besser auf die Erde kommen können, so wachen wir selbst oft erst in Krisenzeiten, wenn wir sozusagen mal von der Autobahn des Lebens, wo alles wie von selbst läuft, abkommen, für unsere eigentlichen Lebensmotive auf.

«Rechnet» sich biologisch-dynamische Landwirtschaft?

Ja. Das beweisen nicht zuletzt alle Höfe, die sie betreiben, sonst würden sie eingehen. Aber auch ein genauerer Blick zeigt, dass biologisch-dynamische Höfe, wie andere Bio-Betriebe, über die Jahre die Statistiken in puncto Betriebseinkommen anführen. Sie sind als vielseitige Betriebe arbeitsintensiver als konventionelle Vergleichsbetriebe, was kostenintensiv ist, wenn man Löhne als Kosten ansehen will. Sie haben aber weniger Kosten auf der Betriebsmittelseite (Düngung und Pflanzenschutz). Daneben erhalten sie höhere Preise für die Produkte, was die Mindererträge kompensiert. Einiges der Mehrkosten von Demeter-Produkten im Laden macht aber die aufwendigere Distribution aus: Wenn Milch von weit auseinanderliegenden Höfen zusammengefahren werden muss, dann sind die Distributionskosten einfach höher.

Das soll jedoch alles nicht darüber hinwegtäuschen, dass die landwirtschaftlichen Erzeugerpreise generell zu niedrig sind und die Menschen auf den Höfen im Grunde keine ausreichende gesellschaftliche Wertschätzung ihrer Arbeit erfahren. Die niedrigen Lebensmittelkosten liegen einerseits am Weltmarkt, weil in klimatisch günstigeren Lagen oder wo Löhne niedriger sind, günstiger produziert werden kann, und anderseits überlagert zumindest die konventionelle Landwirtschaft viele Umweltfolgekosten auf die Gesellschaft bzw. an andere Orte – Gewässerreinigung zum Beispiel. Alles in allem bin ich mit Karl Treß überzeugt, dass eine solide biologisch-dynamische Landwirtschaft die günstigste Art ist, Landwirtschaft zu betreiben – betriebswirtschaftlich und volkswirtschaftlich.

Schluss

Nachdem wir nun einige Aspekte, die mit der biologisch-dynamischen Landwirtschaft zusammenhängen, gestreift haben, will ich noch einen perspektivischen Blick wagen: Viele biologisch-dynamische Landwirte gerade in der Nachkriegszeit haben diese Landwirtschaftsform weniger gewählt, weil sie vielleicht «bessere» oder gesündere Erzeugnisse hervorbringt; sondern aus der Intention, an der Erdenentwicklung mitzuarbeiten. Und, lehnen wir uns mal zurück und überlegen: was soll das Ganze, das Leben; das wohl nicht aufhaltbare Artensterben, der Klimawandel, die endlichen Ressourcen Öl und Wasser – alles ziemlich trostlose Perspektiven. So, wie es sich jedoch für jeden Lehrer «lohnt», genau die Entwicklung des Kindes, das gerade vor ihm sitzt, ernst zu nehmen, so wie es sich für jeden Arzt «lohnt», für das Leben des Patienten alles zu geben, so ist es aus meiner Sicht auch mit der Natur, der Umwelt, auf die wir landwirtschaftlich den größten Einfluss nehmen: es «lohnt» sich, sich um sie zu kümmern, und es kann – wie man an der biologisch-dynamischen Landwirtschaftspraxis sehen kann – fruchtbar sein. Die biologisch-dynamische Landwirtschaft ist eine Möglichkeit, heilsam mit der Natur umzugehen. Das ist für mich das Faszinierende an ihr. Landwirtschaft ist Kultur.

Dank

Ich danke Kari Järvinnen und dem biologisch-dynamischen Verein Finnland für die wertvollen Ergänzungsvorschläge zu diesem Buch und U.P. für die praktische Realisierung.

Auflösung zu Seite 31

Kuh, Pferd, Schwein, Schaf, Ziege, Taube, Huhn, Gans, Karpfen, Katze, Hund, Ente

Bücher

Bockemühl, Jochen; Järvinnen, Kari 2005: Auf den Spuren der biologisch-dynamischen Präparatepflanzen – Lebensorgane bilden für die Kulturlandschaft. Verlag am Goetheanum, Dornach

Fuchs, Nikolai 2010: Wie weiter mit der biologisch-dynamischen Forschung? Ein Diskussionsbeitrag. Verlag am Goetheanum, Dornach

Held, Wolfgang 2012: Sternenkalender 2013/2014 (erscheint jährlich)

Hurter, Markus (Hg.) 2007: Zur Vertiefung der biologisch-dynamischen Landwirtschaft. Verlag am Goetheanum, Dornach

Koepf, Herbert H.; Schaumann, Wolfgang; Haccius, Manon 1996: Biologisch-dynamische Landwirtschaft: eine Einführung. Verlag Ulmer, Stuttgart

Koepf, Herbert H.; Plato, Bodo von 2001: Die biologisch-dynamische Wirtschaftsweise im 21. Jahrhundert. Verlag am Goetheanum, Dornach

Koepf, Herbert H. 1979 (1985): Was ist biologisch-dynamischer Landbau? Philosophisch-Anthroposophischer Verlag am Goetheanum, Dornach

Mahlich, Stefan (Hg.) 2009: Der Landwirtschaftliche Kurs – Wie lebe ich mit dieser Inspirationsquelle? Landwirtschaftliche Tagung am Goetheanum 2009

Olbrich-Majer, Michael, und Forschungsring (Hg.) 2008: Biologisch-Dynamisch im Dialog. Verlag Lebendige Erde, Darmstadt

Sattler, Friedrich; Friedmann, Günther; Schmidt, Reiner 2004: Umstellen auf den Ökolandbau. Verlag Ulmer, Stuttgart

Sattler, Friedrich; Wistinghausen, Eckard von 1985: Der landwirtschaftliche Betrieb – biologisch-dynamisch. Verlag Ulmer, Stuttgart

Schaumann, Wolfgang 1996: Rudolf Steiners Kurs für Landwirte – Eine Einführung. SÖL-Sonderausgabe Nr. 46, Deukalion Verlag, Holm

Schilthuis, Willy 1994: Biodynamic Agriculture. Floris Books, Ziest

Selg, Peter 2009: Koberwitz, Pfingsten 1924. Rudolf Steiner Verlag, Dornach

Spranger, Jörg (Hg.) 2007: Lehrbuch der anthroposophischen Tiermedizin. Sonntag Verlag, Stuttgart

Steiner, Rudolf 1975: Geisteswissenschaftliche Grundlagen zum Gedeihen der Landwirtschaft. Rudolf Steiner Verlag, Dornach

Treß, Karl 2007: Mein Leben mit der biologisch-dynamischen Landwirtschaft. Wiedemann Verlag, Münsingen

Wistinghausen, Christian von 2007: Anleitung zur Herstellung der biologisch-dynamischen Präparate. Forschungsring, Darmstadt

Wistinghausen, Christian von 2007: Anleitung zur Anwendung der biologisch-dynamischen Feldspritz- und Düngepräparate. Forschungsring, Darmstadt

HYPERLINK http://www.guardian.co.uk/g2/story/0,,1506555,00.html

Autorvita

Nikolai Fuchs (geb. 1963) lernte biologisch-dynamische Landwirtschaft in Lübeck, bevor er in Bonn Agrarwissenschaft mit Schwerpunkt Naturschutz und Landschaftsökologie studierte. Nach der Fachbereichsleitung des Naturschutzzentrums Eifel übernahm er 1994 die Geschäftsführung von Demeter NRW und ab 1997 die Geschäftsführung des Forschungsrings für Biologisch-Dynamische Wirtschaftsweise in Darmstadt. Von 2001 bis 2010 leitete er die Sektion für Landwirtschaft am Goetheanum.

Für weitere Informationen:

Schweizerischer Demeter Verband
Geschäftsstellle
Burgstrasse 6
CH–4410 Liestal

Tel.:	+41 61 706 96 43
Fax:	+41 61 706 96 44
E-Mail:	info@demeter.ch
web:	www.demeter.ch

Demeter e.V.
Brandschneise 1
D–64295 Darmstadt

Tel.:	+49 6155 84 69-0
Fax:	+49 6155 84 69-11
E-Mail:	Info@Demeter.de
Web:	www.demeter.de

Demeter-Bund Österreich
Theresianumgasse 11
A–1040 Wien

Tel.:	+43 1879 47-01
Fax:	+43 1879 47-22
E-Mail:	info@demeter.at
Web:	www.demeter.at

Auskunftsstelle (Aus- und Weiterbildung)
Demeter e.V.
Brandschneise 1
D – 64295 Darmstadt

Tel.:	+49 6155 84 69-40
Fax:	+49 6155 84 69-11
E-Mail:	auskunftsstelle@demeter.de
Web:	www.demeter.de

Konsumentenvereine

Konsumenten Verband

Schweizerischer Verband der Konsumentenvereine
zur Förderung der biologisch-dynamischen
Landwirtschaftsweise und der assoziativen
Wirtschaftsordnung

Geschäftsstelle:
Konsumenten Verband
Postfach 82
CH – 8332 Russikon

Tel.:	+41 44 955 07 42
Fax:	+41 44 955 07 51
E-Mail:	info@konsumentenverband.ch

Fördergemeinschaft für Umweltpflege
Hundsgasse 8
D–65205 Wiesbaden

Tel.:   +49 611 71 85 98
Fax: +49 611 71 86 18
E-Mail: fg-umweltpflege@t-online.de
Web: www.fg-umweltpflege.de/

Demeter-Assoziation Freiburg e.V.
Fichtestraße 39
D–79115 Freiburg

Tel.:   +49 761 463 05
Fax: +49 761 463 05
E-Mail: w_freiburger@gmx.de
Web: www.demetermarkt.de/

Förderkreis für Umweltgesundung durch biologisch-
dynamische Wirtschaftsweise
Waldgartenstraße 17
D–81377 München

Tel.:   +49 89 714 85 85
Fax: +49 89 714 85 85
E-Mail   foerderkreis.umweltgesundung@web.de
Demeter-Verbraucher Nürnberg e.V.
Fasanenring 6
D–90607 Rückersdorf

Tel.:   +49 911 575 57 78
Fax: +49 911 575 57 78
E-Mail   hart8@gmx.de
Web: www.demeter-verbraucher-nuernberg.de

Demeter-Produkte:
Web: www.demeter.de/index.php?id=1976&
            no_cache=1&F=&MP=10-1488

Sie suchen einen Einführungskurs?

Dann schauen Sie hier:
Web: www.demeter.de/index.php?id=ek&
            no_cache=1&MP=13-1491

Sie suchen eine Ausbildungsstelle?

Dann schauen Sie hier:
Web: www.demeter.de/index.php?id=1840&
            MP=13-1491

HEINZ ZIMMERMANN

Was ist
Anthroposophie?

Heinz Zimmermann

Was ist Anthroposophie?

ca. 80 S., Kt., 978-3-7235-1436-3

Verlag am Goetheanum